昆布

海胆鲑鱼籽

北海道

清酒

碗子荞麦面

日本东北

芋煮

新潟

金泽

大米

文字烧（御好烧的
一类）/江户寿司

东京

岐阜

静冈

鳗鱼（烤鳗鱼）
/绿茶/山葵

日本自北向南总长超3000公里，得益于这一地理特征，日本拥有多样的气候类型，北海道的凛冬至冲绳诸岛的酷暑间孕育出缤纷的美食。

地域名产

日本特产

螃蟹

汤豆腐

京渍物

御好烧
(参见94页)

章鱼烧
(参见95页)

山口

京都

广岛

大阪

河豚

四国岛

朴叶味噌

博多拉面 (参见63页豚骨拉面) /
长崎蛋糕/海苔片

九州岛

苦瓜/琉球杂炒
(蔬菜和肉杂炒)

冲绳

香橙/轻烤
鲣鱼 (参见
79页) /赞岐
乌冬面

趣味手绘日本料理

［法］洛尔·琪耶　著

［日］岸春奈　绘

王炳坤　译

中国轻工业出版社

目 录

其他明星菜肴

主题料理

甜点与饮品

日本料理
概览

和食被联合国教科文组织列入人类非物质文化遗产名录。

日本料理有着上千年的历史传统，

它融合了美学、营养与多重美味，

并将独特的一味融入其间，那便是鲜。

作为第五种味道（其余四味为甜、咸、酸、苦），

鲜可由"至臻美味"呈现，

能真正意义上赋予料理以醇厚。

卷纤汤

鲣鱼干

斜切

梨

家 中 一 餐

家庭用餐

一餐搭配

  日文中的"ご飯"（米饭）亦有"一餐"之意，足以见得米饭在日本饮食结构中的重要地位。典型的一餐会有一碗白米饭、味噌汤、蔬菜、富含蛋白质的食物（鱼、肉或豆腐）、一小碟沙拉和配菜（渍物），有时一块水果便是餐后甜点，茶、啤酒或清酒则佐餐饮用。

芝麻酱
拌秋葵

豆渣沙拉

味噌汤
（参见21页）

煮羊栖菜

米饭

唐扬（炸鸡）
配混合沙拉

早餐

玉子烧
（参见50页）

盐烤鲑鱼

腌萝卜
（参见22页）

烤海苔片

米饭

味噌汤

日本的传统早餐是咸鲜口味，通常包含一碗味噌汤和米饭，再搭上配菜和烤海苔片，有时甚至会配上烤鱼！但如今，越来越多的日本家庭也逐渐接受西式早餐。

午餐

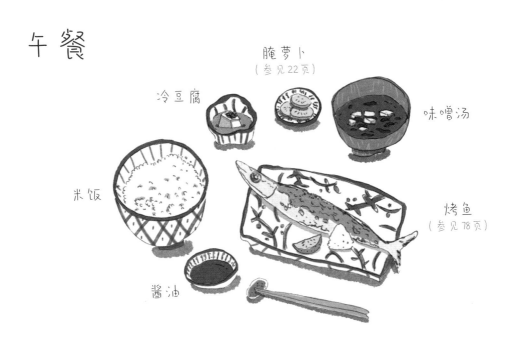

腌萝卜
（参见22页）

冷豆腐

味噌汤

米饭

烤鱼
（参见78页）

酱油

怀石料理与精进料理

怀石料理，日本料理的精髓

无论从应季食材的挑选、口感与色泽的平衡或是食器的选择，这一殿堂级的日本美食都有着成体系的规范。

制作怀石料理是将视觉愉悦与味蕾享受同等视之。

席间的菜式小巧精美，盛放在精致的食器之中，按照顺序一一上桌。料理搭配应考虑到菜品的口感（松脆、酥脆、流心、软糯……）、烹饪方式（烤、煨、生食……）与味道。

怀石料理餐厅的门廊

秋季怀石料理

精进料理，禅院的蔬饭

食物在日本禅道中举足轻重，正因如此，日本禅院中的掌厨——典座成为禅院中地位仅次于住持的存在。精进料理（禅院中的蔬饭）由典座负责，取"有助悟道的料理"之意，它不仅有益身体健康，还有助于精神境界的提升！

当然，因为佛家忌杀生，佛教禅院的料理皆为素食。但这并不是唯一的戒律，就地取材、应季而食、自然本味（不加工）、避免浪费等也是这一亲近自然的料理主要奉行的一些原则。

精进料理的代表性菜肴有时令蔬菜烹制的蔬菜天妇罗、以豆腐为主材的菜品、炖蔬菜以及著名的卷纤汤。

芝麻豆腐

这道以芝麻为原料的"豆腐"并不含豆子，取豆腐之名是为了让人们联想到与之相同的口感。制作芝麻豆腐仅需将芝麻酱、葛根粉和水混合搅拌后在锅中煮至浓稠，随后将其倒入模具中冷却即可。

卷纤汤

富含营养的卷纤汤由豆腐、根茎类蔬菜、香菇与昆布熬成的高汤（参见20页）烹制而成。

食器

食器融入到日本的生活艺术中，在餐桌上备受重视，因此有着特殊的地位。日本制瓷传统悠久，每家每户也都珍藏着数量颇丰的瓷手工艺品。

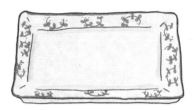

平盘
主要用于盛鱼的矩形盘子

碗
带盖的汤碗

饭碗
盛饭的碗

乌冬碗
盛乌冬面的碗

井碗
盛丼物的碗

小碗
小型的碗

横柄茶壶
带横把的茶壶

酱油壶
盛酱油的壶

提梁茶壶
带壶把的茶壶

茶杯
盛茶的杯子

荞麦面汤杯
盛荞麦面汤汁的小杯

筷枕
放置筷子的筷托

土锅
陶土烧制而成的锅

料理工具和筷子

日本料理使用的烹饪用具独具特色。通过对这些厨具的详细了解，读者会更易领会其妙用。

玉子烧锅
煎玉子烧的矩形平底锅
（参见50页）

雪平锅
锻造后呈现锤目纹，配有
木制落盖

日式风格擂钵
带槽的瓷制研钵，配有木
制研杵

研磨器
制作萝卜泥、姜泥或蒜泥
的无孔日式研磨器

山葵研磨器
鲨鱼皮制作的山葵研磨器

长筷
木制的烹饪专用筷（比吃
饭用的筷子更长）

笊篱
竹制的日式笸箩

寿司桶
用于制作寿司醋饭（参见
31页）的木制平底圆桶，
制作时还需借助木桨。寿
司竹帘则用来制作寿司卷
（参见38页）

日式厨刀

厨刀是制作日本料理过程中不可或缺的工具，因为每种食材都需要精心切割，便于用筷子夹起来食用。武士时代伊始，用于锻刀的钢材与刀匠的技法皆由锻刀世家代代相传，如今演变成刀刃独特的日式厨刀。

厨刀

出刃：日本料理中使用的经典单刃刀

切菜刀：处理蔬菜和切蔬菜薄片的矩形刀

牛刀：主厨刀

三德刀：全能型刀

柳刃：刺身专用刀

筷子

如何使用筷子？

1 将一支筷子置于拇指与食指之间的空隙，支点落在无名指尖：这支筷子保持固定。

2 拇指、食指和中指指尖夹住第二支筷子。两支筷子保持同一高度。

3 夹食物时仅第二支筷子活动。

使用筷子的禁忌

－将筷子立在盛米饭的碗中
－用筷子插着食物吃
－用筷子拨动碗碟
－筷尖指着他人
－用筷子在盘中翻找食物

食材配料

烹饪日本料理前，熟悉常用的调料非常必要。厨界对日本料理兴趣渐浓，读者也能很容易地在许多商店里找到这些调料。

米醋
以米为原料制作的醋

味醂
日式料酒

清酒
米酒

高汤粉
需用水稀释的汤粉，用来制作炖煮的汤品或菜肴

味噌
大豆、米或大麦发酵制成的味噌膏

蒟蒻
蒟蒻（即魔芋）块根制成的淀粉块

鲣鱼干
晒干的鲣鱼制成的鲣鱼花，是烹饪高汤的主要基底

豆腐
豆浆凝固后制成的黄豆"奶酪"（参见81页）

酸梅
用紫苏叶调味的盐渍日式青梅

面包糠
日式面包屑

天妇罗粉
用于制作极为轻盈的天妇
罗衣（参见74~75页）

日式美乃滋
蛋黄酱

猪排酱
吃炸猪排或炸丸子时加入

炒面酱
炒面时加入

御好烧酱
涂抹在煎好的御好烧上

烧鸟酱
涂抹在烧鸟（即烤鸡肉
串）上

酱油

柚子醋
日式柑橘类（柚子、酢橘）
酱油

水果、蔬菜与食用藻类

萝卜

作为日本料理中的明星蔬菜，白萝卜可以生吃，也可以熟制，生食方法是腌渍切丝后作为配菜放入沙拉，熟制则是放入炖煮的菜品中

山葵

近似辣根的植物根茎。切碎后的绿色山葵根常被捏成团状，佐寿司食用

蘑菇

日本料理中随处可见蘑菇的身影。锅物、天妇罗、汤汁等料理中经常会用到香菇、玉蕈离褶伞、金针菇

莲藕

莲的茎部有着类似蜂房的孔隙结构，常用于烹饪炸物、炖煮菜、炒菜甚至腌菜

蘘荷

这种姜科植物的烹饪方法与小葱类似，通常用于点缀沙拉或夏季食用的冷面

南瓜

日本南瓜细腻的肉质如栗子一般，常用于炖煮（参见107页）或制作天妇罗（参见74~75页）

紫苏

紫苏属芳香植物，常搭配寿司食用

苦瓜

表面粗糙的苦瓜是冲绳的特产，以营养丰富著称

三叶芹

这种芹菜芬芳四溢，常用于煲汤

昆布

炖煮高汤的藻类

裙带菜

用于煲汤、制作沙拉的藻类

海苔

晒干制成片的藻类

柚子

这类黄澄澄的柑橘属植物散发着清香，在日本料理中广泛使用，尤其常用于制作柚子醋和甜点

梨

多汁且清脆的日本梨

柿子

这类橙红色水果既可生食也可风干食用

餐厅点餐

　　顾客踏入日本料理餐厅大门时，便会听到一声"いらっしゃいませ"（欢迎光临）！但在掀起门帘前，传统的日式餐厅的大门或许会令人有些疑虑，因为顾客无法看见餐厅的内景，菜单也不总是张贴在门前。

餐厅门廊

　　门帘悬挂在餐厅入口前（餐厅或房屋前也会有），门帘上往往印着餐厅的名字或标志。

展示橱窗

顾客能在许多日本餐厅门前的橱窗内看到菜品模型。这些真伪莫辨的样品能很好地帮助顾客点餐！

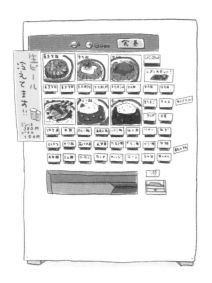

点餐机

一些备受欢迎的餐厅设有点餐机，顾客在进入餐厅前，可以在点餐机上点单并支付。通常每个按钮上都印着菜品图片，便于顾客点餐。随后顾客可以进入餐厅并出示点餐券。

菜单

部分餐厅由于菜单挂在墙上，因此不会为顾客递上菜单。

厨师发办（おまかせ）：这种用餐模式意味着"交给您了"，由厨师为顾客选择一餐的菜肴。作为日本的常见用餐形式，无菜单料理是开启寻味之旅的绝佳方式！

高汤

高汤作为日本料理的灵魂，广泛地用于各种菜肴，例如味噌汤、锅物以及制作蔬菜、鱼类、肉类的酱汁。市面上有预制的高汤粉，但自己用晒干的昆布、鲣鱼干、香菇制作高汤也很简单，有时也会加入沙丁鱼干。

昆布　　　　　　鲣鱼干　　　　　　干香菇　　　　　　沙丁鱼干

制作高汤

取一段昆布（约10厘米长）放入1升水中加热，水沸前取出并加入20克鲣鱼干，待其自然沉入锅底后过滤。

建议

如果要烹饪添加干香菇或沙丁鱼干的高汤，在加昆布前需将干香菇和沙丁鱼干在水中浸泡2小时，随后同昆布一起加热。

吸物

吸物是鲜美的清汤（没有加入味噌喧宾夺主）。采用上等食材来激发汤的极致风味是这道汤的核心。

制作4人份吸物

1　1升高汤煮沸后加入1汤匙淡口酱油、1汤匙味醂和半茶匙盐。
2　汤碗中央放1个熟虾仁、1段三叶芹和些许柚子皮。
3　从上倒入清汤即可。

味噌汤

在日本，几乎每一餐都会见到味噌汤配上一碗白米饭的身影。烹饪味噌汤的方式多种多样，可以在烹饪高汤过程中加入一些时蔬，随后再加入不能煮沸的味噌。

制作4人份味噌汤

1 将160克嫩豆腐切成骰子状放入锅中，倒入1升高汤后煮沸。

2 从锅中取出些许高汤，加入约60克味噌，也可酌情加入（味噌略带咸味，可品尝味噌汤按需增加），随后搅拌混合。

3 在锅中加入80克泡发的裙带菜，沸腾前取出。随后将其分装在4个碗中即可。

豆腐

高汤

味噌

裙带菜

酱汁与调味料

腌萝卜

制作1罐腌萝卜

1 萝卜削皮后切块放入容器中，加入1汤匙盐混合，随后静置2小时。

2 锅中加入150毫升米醋、150毫升水、50克糖和一小撮姜黄粉（用于染色），随后煮沸2分钟。

3 将锅中的汤汁淋到萝卜上，随后一起装进罐子，冷藏2天后便可食用。

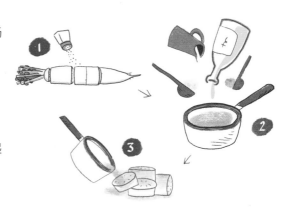

建议

佐以白米饭食用更佳。

渍白菜

1 将半棵白菜切段。

2 加入1汤匙盐和1片薄昆布，装入冷藏袋。调料混合均匀后，密封袋子冷藏至少4小时。

3 食用前用手挤压白菜，尽可能将水分排出。

建议

佐以白米饭食用更佳。

香松

制作60克香松

1 碗中加入60克芝麻、半茶匙芝麻油、1茶匙糖和2茶匙盐，混合均匀。

2 将混合后的原料铺在垫有烘焙纸的烤盘上，180℃烤12分钟。

3 海苔片撕成块状，同烘烤后的原料放入料理机搅拌即可。

建议

撒在白米饭上食用更佳。

照烧汁

制作300毫升照烧汁

1 将150毫升酱油、100毫升清酒、100毫升味酥和50克糖放入锅中，煮沸。

2 收汁5分钟，其间不时地搅拌。

建议

搭配鱼类食用更佳。

芝麻酱

制作250毫升芝麻酱

1 碗中缓缓倒入120克芝麻泥和120毫升高汤（参见20页），保持搅拌。

2 加入1瓣蒜（提前捣碎）、1茶匙盐、1汤匙味酥、1汤匙米醋和2汤匙酱油，搅拌至酱汁变得丝滑细腻即可。

建议

搭配蔬菜食用更佳。

切果蔬的技法

刀法在日本料理中占有非常重要的地位，不仅因为刀法决定食物的美观程度，更因为刀法影响着烹饪与口感。

斜切
这种常见的刀法让食材的呈现非常美观，横切面相较于圆片式切法也更大。它常用于切大葱、黄瓜和胡萝卜

细丝切
萝卜切成薄片后（桂剥技法），再切成细丝（细切）。用刀连续地沿着萝卜表皮卷切，以便获得完整的薄片。随后将大小一致的萝卜方片叠放并切成细丝

滚刀
采用斜切方式，每切一次就轻轻滚动食材。这种不规则的切割方式主要用于炖煮食材，使炖煮过程中食物加热得更均匀

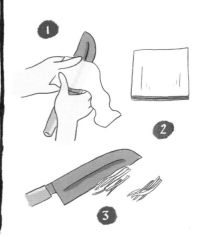

削尖切

像削铅笔一样切蔬菜，这种刀法
多用于切牛蒡

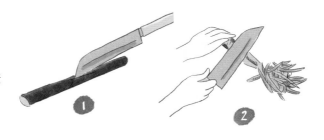

削圆

将切块后的蔬菜边缘削圆，采用
这种刀法能避免烹饪过程中破坏
根茎类或葫芦科蔬菜（如南瓜）
的美观

梅形切

这种刀法尤其适用于胡萝卜，它
能为炖煮的菜肴增添一抹色彩。
将胡萝卜厚切成圆片，随后用模
具压制，最后用刀在花瓣间刻
"V"字形即可

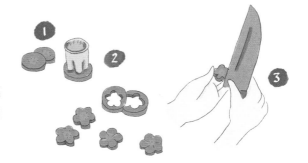

兔形

这种刀法用于切苹果。将苹果八
等分后去核。用刀在表皮上划
"V"字形，随后皮削至"V"字形
底部并将其取下即可

饭食

日文中的"ご飯"(米饭)亦可指"一餐",

其在日本料理中的核心地位由此可见一斑。

日本料理的丰富与精细渗透到烹饪与搭配的艺术中,

日本人也在这一领域有着源源不断的想象力与创造力。

尽管菜肴数量繁多,

但若要尝到大米这种全球食用量最多的谷物的至美之味,

首先需要从烹饪方法和大米种类的层面了解一些基础知识。

各色饭食

从经典的寿司到麻糬，饭食在日本料理中层出不穷。此处为读者呈现几道日本餐桌上不会缺席的饭食料理。

手卷

"卷"如其名，"手卷"即"用手卷起来"，因为制作手卷用手即可完成，无需使用竹帘（参见38页）

寿司卷

日语中"maki"一词即为卷，表示用海苔片包裹的卷状寿司。唯一的烹饪难点便是需要掌握制作的手法（参见38页）

散寿司

盖满各种配菜（蔬菜、鸡蛋、鱼）的醋饭被视作"散开的"寿司。准备这道饭食十分简单（参见37页）

寿司

这道饭食料理在数年内便成为日本之外的地区极负盛名的美食。寿司家族中，握寿司是最流行的寿司款式，通常将鱼生放在捏好的醋饭上（握寿司的做法参见36页）

杂炊饭

米饭直接与蔬菜、调味料烹制，可能还会加入鱼肉或鸡肉，这种烹饪方法能润物细无声般地让米饭芳香四溢

饭团

饭团像是日式三明治，捏好的饭团（通常为三角形）里包上了美味的调料，健康又便于携带（参见44页）

炒饭

这道炒饭源自中国，经过妙手料理之后，剩饭也能"一扫而空"

茶泡饭

顾名思义，这道料理需"配之以茶"，凭借其细腻的味道在日本备受青睐。只需将茶倒入与酸梅和海苔一同烹制的米饭中即可

矶边卷

中间的团子由碾碎蒸熟的糯米制成，通常在日本新年期间食用。团子往往做成海苔卷的形式，用海苔裹住团子烘烤，随后淋上酱油调味即可

丼

这道大众料理需要在一碗饭上铺上各色的配菜（天妇罗、炸猪排、咖喱等）。亲子丼的做法参见42页，牛丼（左图）的做法参见43页

日式蒸饭

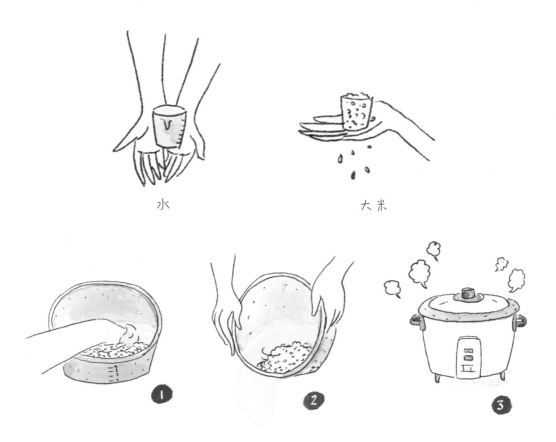

水   大米

蒸米饭

　　水和米的比例遵循体积相等的原则，比如：若要4碗米饭，需放入450克（3杯）大米和600毫升（3杯）水。因使用的杯子不同，杯子与克数的换算可能与书中有所出入。

1　淘米数次，直至淘米水清澈。

2　沥干淘米水后，再次加水，将水和大米一同放入电饭锅。

3　选择蒸饭模式蒸熟后，再焖10分钟以上即可。

　　小贴士：没有电饭锅也不必慌张！将大米和水倒入锅中，盖上锅盖，水沸后文火煮12分钟。随后将锅端离灶台，盖上锅盖闷10分钟即可。

寿司醋饭

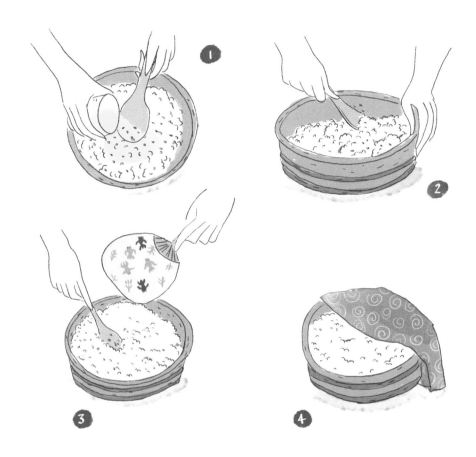

寿司醋饭

1　将热腾腾的米饭倒入寿司桶，随后淋上适量寿司醋。

2　用饭勺将米饭轻轻拌匀，让每一粒都裹上寿司醋，但注意避免压碎米粒。

3　搅拌的同时扇风冷却米饭，为的是让米饭表面光泽透亮。

4　为避免米饭失水，需用湿润的毛巾盖上米饭，食用时方可揭开。

　　小贴士：在米醋中溶化3汤匙糖和1茶匙盐，便能轻松地制作出寿司醋。

寿 司

寿司由醋饭和配菜组成，作为基底的醋饭必不可少且形态各异。最常见的是握寿司，许多其他形状的寿司也不难见到：寿司卷（卷形）、手卷（圆锥形卷）、散寿司（铺满配菜的粗饭）、手鞠寿司（球形）、箱寿司（方形）等。

寿司屋

日本有许多场合能品尝到寿司。食客可以选择寿司屋，在这样的传统餐厅内，食客与主厨面对面坐在料理台前，主厨则随着客人的点单依序制作寿司，用餐氛围恬淡柔和。新鲜的鱼生和贝类也呈现在料理台的橱窗里。

回转寿司

不同颜色的盘子
对应不同价位的寿司

回转寿司餐厅用餐氛围别有趣味，盛在小盘中的寿司在旋转台上鱼贯经过，食客只需探出手挑选钟爱的寿司，可谓充满欢乐的味觉之旅！

寿司在旋转台
上鱼贯经过

寿司的种类

金枪鱼寿司

星鳗寿司

鲑鱼寿司

玉子寿司

竹荚鱼寿司

鲑鱼卵寿司

章鱼寿司

鲜虾寿司

海胆寿司

庖丁解鱼

金枪鱼是鱼生之首，但由于各部分品质差异，鱼肉的味道与质地也大相径庭……价格亦然！下图示意了金枪鱼的各部位。

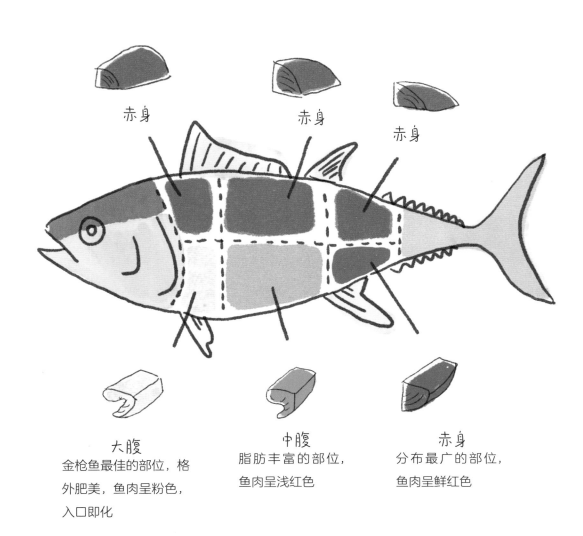

赤身

赤身

赤身

大腹
金枪鱼最佳的部位，格外肥美，鱼肉呈粉色，入口即化

中腹
脂肪丰富的部位，鱼肉呈浅红色

赤身
分布最广的部位，鱼肉呈鲜红色

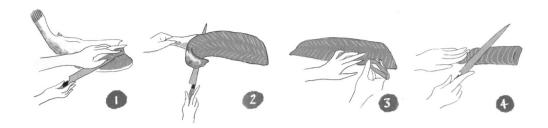

切鲑鱼的方法

1 沿着中心的鱼骨，从头至尾剖出第一片带鳞鲑鱼片并取下，刀刃尽可能贴鱼骨以保持
   鱼片完整。随后以相同的方式剥离中心鱼骨并取下第二片鱼片。

2 用生鱼片刀剥离鱼皮，将靠近鱼皮的灰色部分和稍硬的白色部分剔除。剔除后将其与
   鱼头、鱼骨一同煲汤，以增添汤的风味；味噌汤（参见21页）中可加入剔下的鱼肉、
   鱼头和鱼骨。

3 两根手指固定鱼肉后，用镊子夹起鱼骨。

4 根据食用方法的不同（鱼生、寿司卷、散寿司等），按需将鱼片切成合适的大小。

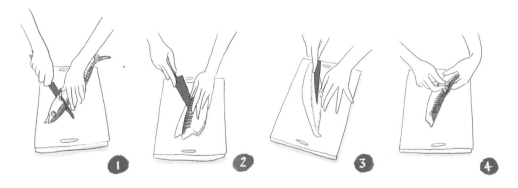

切鲭鱼的方法

1 切掉鱼头，剖开鱼腹取出内脏（注意用拇指擦去鱼腹底部的血），随后用清水清洗。

2 用剖鲑鱼的方法取下第一片鲭鱼，随后翻转鱼身取下第二片。

3 剔除鱼骨和鲭鱼片边缘坚硬的部分。

4 用刀刃剥离鱼皮（随后用手剥去薄薄的皮膜）。根据食用方法的不同，按需将鱼片切
   成合适的大小。

制作握寿司

握寿司制作方法

在日本，制作寿司可谓是一门艺术：要想成为寿司大师，需要经过大约十年的历练！但不用担心，只要遵循伊藤大厨的建议，你依然可以享用美味的寿司。

1 湿润双手，取少量醋饭（参见31页）放在掌心。轻轻按压并滚动饭团，将其搓成椭圆状。

2 用手指在鱼片中心蘸些许山葵酱。

3 将鱼片放在醋饭上。用两根手指再次按压鱼片使其与米饭粘牢。

4 握寿司装盘，一切就绪！

散寿司

制作2人份散寿司

鸡蛋

鲑鱼卵

莲藕

扁豆

香菇

1 将2朵干香菇放入一小锅水中煮沸，随后将锅端离灶台静置30分钟（保留煮香菇的水）。香菇去蒂后切片，再切4根去筋的扁豆，最后取4厘米的莲藕（或长萝卜）去皮切片。

2 平底锅中倒入100毫升水、3汤匙酱油和3汤匙味酥炖煮蔬菜，直至食材吸干汤汁。

3 将1颗鸡蛋打散，加入一小撮盐，随后将一半蛋液倒入油锅中煎成蛋皮。鸡蛋煎1分钟，再翻面煎几秒钟。将蛋皮置于案板上，然后用剩下的蛋液再次煎制。最后将2个蛋皮叠放后卷起来，切成细丝。

4 在2个盛有醋饭（参见31页）的大碗中，放入蛋丝、煮熟的蔬菜、鲑鱼卵和海苔片即可。

寿司卷和手卷

制作寿司卷

1 在竹帘上放1片海苔，用米饭铺满海苔的3/4。

2 配菜切成条摆放在米饭上。

3 手指固定配菜，卷起竹帘边缘裹住配菜。用手压竹帘成圆柱形。一只手缓慢滚动寿司卷，另一只手配合抬起竹帘边缘。

4 取下竹帘，将寿司卷切成8卷或10卷即可。

手卷

这是我邀请朋友来做客时最喜欢的一道料理。将所有配菜摆在桌上，这样在用餐过程中每个人都可以自己动手做手卷。聚会氛围温馨活跃，屡试不爽！

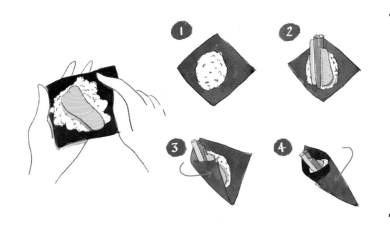

制作手卷，需要将海苔切成4份，在切好的海苔中央放1汤匙大小的醋饭（参见31页），随后放上配菜并卷成圆锥形。食用时蘸上酱油即可。

手卷宴

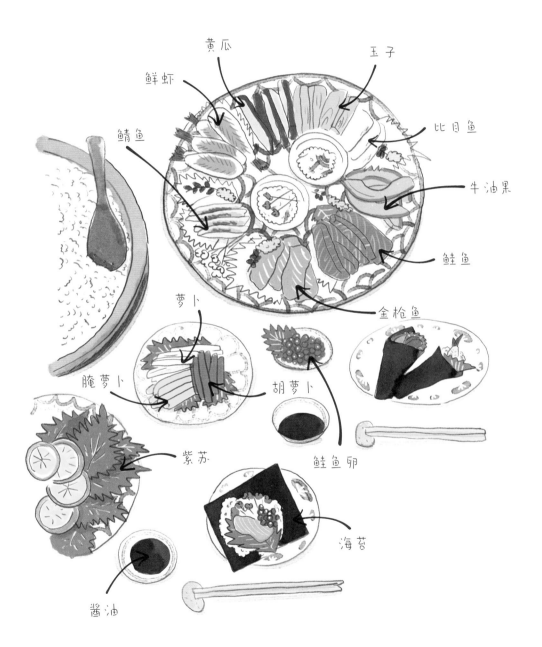

黄瓜

玉子

鲜虾

比目鱼

鲭鱼

牛油果

鲑鱼

萝卜

金枪鱼

腌萝卜

胡萝卜

紫苏

鲑鱼卵

海苔

酱油

咖喱饭

　　"咖喱"在日本是一道备受欢迎的菜肴，通常搭配米饭或乌冬面享用。日式咖喱为块状，在烹饪过程中加入即可，很容易就能制作一道完美的家庭料理！

制作4人份咖喱饭

1　锅中倒入些许葵花籽油加热，随后加入1瓣蒜（提前切碎）、1茶匙鲜姜、2个胡萝卜（提前切碎）和半个洋葱，大火煎3~4分钟。

2　2个去骨的鸡腿切丁后放入锅中，翻炒2~3分钟。取8个口蘑，每个四等分，随后加入锅中煎2~3分钟。

3　倒入600毫升水，文火煮15分钟。

4　加入半个切碎的苹果和80克日式咖喱，文火煨5分钟，其间不停地搅拌让咖喱溶化以获得浓稠的咖喱酱。

5　将咖喱分装在4个盛着热米饭（参见30页）的碗中并尽快食用，有条件的情况下可加上配菜（见下方）。

咖喱的配菜

　　日式咖喱总是搭配着配菜享用。配菜很简单，可以是水煮蛋，也可以是一些如福神渍（甜咸酱腌制的什锦蔬菜）和辣薤（醋酿藠头）的渍物。

水煮蛋

辣薤
（醋酿藠头）

福神渍

水

鸡肉

蒜

咖喱

苹果

生姜

蘑菇

洋葱

胡萝卜

丼

亲子丼

制作4人份亲子丼

1. 倒入200毫升高汤煮沸。1个鸡腿切丁、1个洋葱切丝，随后放入锅中，再添加酱油和味酥，中火煮约5分钟。

2. 取1个碗，打4颗鸡蛋，但不要完全打散。

3. 鸡蛋倒入锅中，轻轻搅拌，鸡蛋煮至凝固即可。

4. 米饭盛入碗中，将锅中的鸡肉和鸡蛋铺在米饭上，用三叶芹、葱叶和海苔丝加以点缀即可。

 鸡蛋　 味酥　 酱油　 鸡肉　洋葱

①

② ③

三叶芹

小葱

海苔

④

牛丼

制作4人份牛丼

1 锅中加入4汤匙酱油、4汤匙味醂、4汤匙清酒、4汤匙水和3汤匙糖，煮沸。

2 1个洋葱切丝，铺在锅底，煮5分钟，随后加入320克薄切牛肉，继续炖煮至汤汁几乎被完全吸收。

3 将煮好的食材铺在4碗热米饭（参见30页）上。食用前加入些许红姜丝作为点缀即可。

饭团

饭团可以说是日本人任意时刻都可以享用的美味。这种米饭制作的"三明治"易于携带，也能很方便地处理前一天的剩饭。

圆筒形饭团
便当中常见的饭团

圆饭团
使用保鲜膜更容易制作

三角饭团
最常见的饭团，毫无疑问，
也是最方便食用的款式

三明治饭团
样式介于饭团和三明治之间，是近几年出现的时兴款

甜心动物饭团

棒棒糖饭团

其他可爱的样式
饭团的形状可以无穷变化，特别是给孩子们准备的可爱饭团，有的形似动物，有的形似花朵……如此能让孩子们大快朵颐

握饭团的方法

握饭团的方法

1 浸湿双手并撒上少许盐。

2 用木勺舀出适量米饭放于手中。

3 将配菜放在饭团中央。

4 轻轻将米饭压紧实，捏成三角形。

5 诀窍在于两手转动饭团，使三角形的三边均匀受力，切忌用力按压破坏饭团形状。

6 捏制成形后，用一片海苔裹起饭团即可。

饭团的配菜

尽管酸梅和海苔作为配菜最为常见，但饭团也有着其他多样的味道。

经典饭团（酸梅饭团）
配菜：酸梅（盐渍梅子）、海苔

芳香饭团（紫苏饭团）
配菜：紫苏粉（紫苏制成的调味料）、
紫苏叶

鲑鱼饭团
配菜：盐渍熟鲑鱼碎、芝麻盐
（芝麻和盐的混合调味料）

柔软饭团（炒蛋豌豆饭团）
配菜：炒蛋、熟豌豆

传统饭团（煎蛋卷香松饭团）
配菜：蛋皮、香松（参见23页）

美乃滋金枪鱼饭团
配菜：金枪鱼罐头、美乃滋、海苔

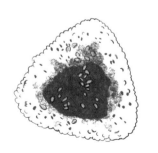

味噌烤饭团
配菜：味噌、芝麻油、小葱。

在烤箱内烘烤几分钟

鲜虾天妇罗饭团
配菜：鲜虾天妇罗（参见74~75页）、海苔

便当

便当是名副其实的日本传统美食。孩子们从小就会把母亲精心准备的餐食带去学校，这种用分格饭盒盛装的食物就是"便当"。成年后，便当则会陪伴他们穿梭职场或是外出野餐。

制作便当的工具

制作便当的工具集美观与实用于一体，下面为大家展示一二。

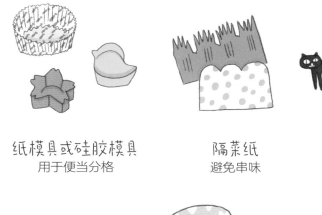

纸模具或硅胶模具
用于便当分格

隔菜纸
避免串味

便当签
用于点缀且便于叉取
食物食用

酱料瓶
用于携带液体酱料

调料瓶
用于携带固体调料

模具
用于切面包和蔬菜

制作便当

1 首先铺上米饭，然后放一片生菜或带
  有香气的叶子，避免米饭与配菜串味。

2 装好主要的配菜，注意摆放紧凑。

3 用柔软的蔬菜或酱料瓶填充食物间的
  空隙。

4 最后插上便当签、撒上调味料或放上
  用模具切好的蔬菜作为装饰即可。

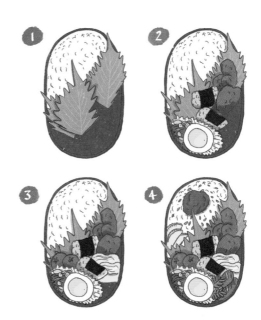

风吕敷：包裹便当的包袱皮

风吕敷为方形的布面，用于包装需携带
或赠送的各种物品。包装便当的方法不一，
以下列举两种。

矩形便当包裹法：

圆形便当包裹法：

便当的配菜

玉子烧

玉子烧为多层的日式煎蛋，在大多数便当中都能发现其踪影。

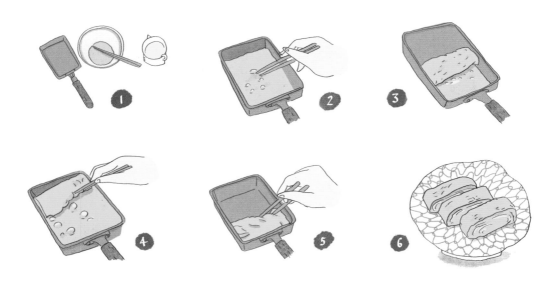

制作1份玉子烧

1　碗中打入4颗鸡蛋，加入50毫升高汤和一小撮盐。

2　在玉子烧平底锅中加热少许油，然后倒入少量打散的鸡蛋，煎成薄薄的蛋皮。

3　将蛋皮从平底锅一侧卷至另一侧。

4　再倒入少量打散的鸡蛋。稍稍抬起卷好的蛋皮，让蛋液从蛋皮下方流过。待蛋液凝固后，将新的蛋皮从平底锅一侧卷至另一侧。

5　重复上述操作直至蛋液用尽。随后用锅铲将煎蛋四面稍稍煎至金黄。

6　将煎蛋切块，便于装入便当。

便当的配菜

花形熟胡萝卜
（参见25页梅形切）

渍芜菁

酸梅

香松
（参见23页）

切丝海苔（海苔丝）

腌萝卜
（参见22页）

章鱼小香肠

制作章鱼小香肠

如何将小香肠切成章鱼形？

1 小香肠对半斜切。

2 将每半根下方截面切成章鱼触手状。

3 切好的小香肠放入沸水煮1分钟，触手即可完美成形。

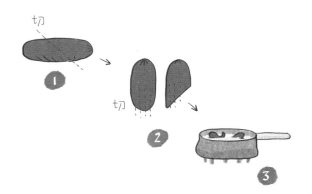

切

1

切

2

3

制作便当

照烧便当

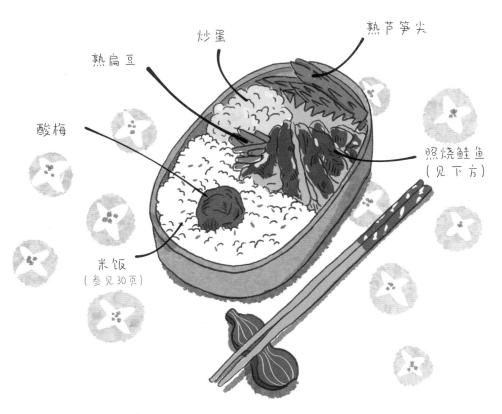

熟扁豆

炒蛋

熟芦笋尖

酸梅

照烧鲑鱼
（见下方）

米饭
（参见30页）

照烧鲑鱼

制作2人份照烧鲑鱼

1 200克鲑鱼去皮去骨。

2 碗中加入2汤匙酱油、2汤匙味醂、1汤匙清酒和3汤匙糖。

3 烧热平底锅，依据鲑鱼厚度，每面用中火煎1~2分钟。

4 将碗中的酱汁倒入锅中，在鲑鱼上淋酱汁，随后收汁30秒即可。

可爱的便当

火腿和芦笋卷

玉子烧
（参见50页）

熊饭团
（见下方）

熟西蓝花

黑橄榄

酸梅

熊饭团

制作1人份熊饭团（所用材料与上图所示略有不同）

1 大碗中倒入1碗米饭（参见30页）、一小撮盐和半茶匙芝麻，混合均匀。

2 用保鲜膜捏出1个略呈椭圆形的大饭团作为熊头，捏2个小饭团作熊耳朵，随后将头和耳朵拼在一起。

3 海苔作熊眼睛、胡萝卜片作脸颊、撒1圈马苏里拉芝士条作鼻子，芝士上方盖1颗豌豆和1条海苔丝作嘴巴。

面食

同米饭一样，

面条（麺）是日本料理的主食。

面食可以在一天中的任何时候享用，

它们也有着多样的形式：

汤面、冷面、砂锅面、炒面、沙拉拌面、饺子等。

在很多平价料理店里，

食客都可以品尝到用炖了几个小时的高汤煮出来的美味面条。

在日本，吃面时是可以出声的……

所以尽情享受吧！

酱油拉面

担担面

炒面

面的种类

日本的面条种类繁多，既有荞麦面、乌冬面和素面等传统面条，也有拉面和炒面等带有中国印记的面条。

荞麦面

"Soba"在日文中是"荞麦面"之意。这种面条是精致、健康料理的代名词。荞麦面的烹饪方法非常简单，既可以热汤煮，也可以配上蘸面酱吃冷汤荞麦面（参见65页）。

新鲜拉面

干拉面

拉面

小麦制成的拉面源于中国，于20世纪初传入日本。随着速食拉面的兴起，以酱油或味噌为汤汁的拉面也大放异彩。无论是在平民餐厅还是家中料理，没有什么能与美味的拉面相媲美！

乌冬面

乌冬面、荞麦面和拉面并驾齐驱，成为日本最受欢迎的面食。乌冬面由小麦粉、盐和水制成，呈白色，粗细因地域而异。乌冬面分干面和鲜面（真空包装），可以配上高汤加入配菜或吃冷乌冬。

速食拉面

干荞麦面

素面

这些非常细的白面条由小麦粉制成。通常在夏天搭配蘸面酱吃冷素面。

新鲜荞麦面

面类展示

干乌冬面

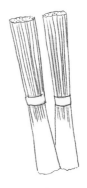

素面

炒面

绿茶荞麦面

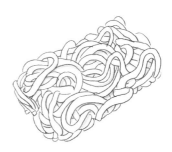

鲜乌冬面

饺子皮

粉丝

日本各地的特色拉面

日本拉面名目繁多且每个地区均有其特色，拉面间的差异主要源自别致的汤底和配菜。本节将开启日本闻名遐迩的拉面之旅！

注：本书插图系原文原图。

山形拉面

汤底：酱油鱼鲜冷高汤
特殊配菜：黄瓜、裙带菜

博多拉面

汤底：猪肉豚骨汤
特殊配菜：红姜丝、芝麻
（参见63页豚骨拉面）

长崎拉面

汤底：鸡肉和猪骨熬制的浓郁高汤，拉面直接在高汤中煮熟
特殊配菜：海鲜、白菜、洋葱、胡萝卜

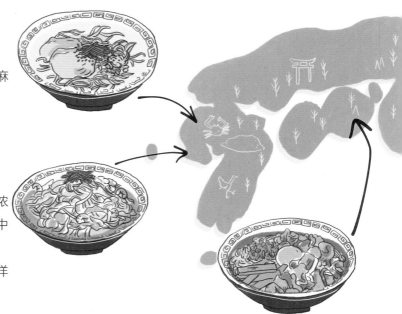

札幌拉面

汤底：味噌汤

特殊配菜：玉米粒、
黄油（参见62页味噌
拉面）

函馆拉面

汤底：盐味清汤

特殊配菜：三叶芹（增添芳香）

喜多方拉面

汤底：沙丁鱼与猪骨高汤

特殊配菜：波浪形拉面、叉烧

东京拉面

汤底：酱油高汤

特殊配菜：溏心蛋

德岛拉面

汤底：豚骨酱油高汤

特殊配菜：烤猪五花、生鸡蛋

拉面的灵魂

家常拉面

制作约4人份拉面

高汤

1 1千克猪骨和0.5千克鸡骨放入大锅中，加水没过食材并煮沸，水沸后煮5分钟。随后将骨头捞出沥干并冲洗干净。

2 将焯过水的骨头、1根大葱、6瓣蒜（提前捣碎）、4厘米长的姜片、1个红葱头和1片昆布放入大锅。倒入4升鸡汤，并加盖煮沸，焖煮2小时。

3 过滤高汤，大功告成！

叉烧

1 制作酱汁：锅中放入3瓣蒜（提前捣碎）、2厘米长的姜片、100毫升酱油、30毫升味醂、100毫升清酒、100毫升水和3汤匙糖后煮沸。

2 将700克猪里脊肉（或未经熏制的猪胸肉）放入烤箱适用的砂锅中。淋上酱汁，放入预热至130℃的烤箱中烘烤约2小时，每隔30分钟翻动1次。

3 沥干肉并留下剩余酱汁，随后将肉切片即可。

煮面

1 按照包装说明煮4份面。

2 煮拉面的同时，准备1个碗，碗中加入半汤匙叉烧肉的酱汁和2汤匙豚骨高汤，搅拌均匀。

3 沥干面条后轻轻放入汤碗中即可。

拉面的配菜

　　尽管拉面的配菜因地而异，但有几种美味在拉面中始终能见到其踪影。

葱：葱段

叉烧：酱香猪肉
（参见60页）

溏心蛋

玉米粒

鸣门卷：日式蟹柳

笋干：乳酸菌
发酵的笋尖

海苔：补充碘的
藻类薄片

豆芽：煮熟的豆芽

特色拉面的做法

制作约4碗暖心拉面

酱油拉面（东京名产）

汤底：1.6升高汤（参见60页）

酱油调味汁：150毫升酱汁（参见60页）

配菜：叉烧（参见60页）、笋干、葱段、裙带菜、对半切开的溏心蛋

装碗：碗中倒入酱油调味汁和热腾腾的高汤，随后加入煮熟沥干的拉面，将配菜装点在拉面上，即刻开始享用吧

味噌拉面（札幌名产）

汤底：1.6升高汤（参见60页）

味噌调味汁：锅中放入2瓣蒜（提前捣碎）、2厘米的姜片、6汤匙味噌、30毫升味酥、100毫升清酒、50毫升水、1汤匙糖和半茶匙盐后煮沸

配菜：叉烧（参见60页）、笋干、葱段、对半切开的溏心蛋、玉米粒和黄油块

装碗：煮熟沥干的拉面盛入碗中，味噌调味汁和高汤充分混合后淋到拉面上，随后摆放配菜，最后放入黄油块即可

豚骨拉面（博多名产）

豚骨汤底：1.6升高汤（参见60页），再加入400克新鲜且未腌制的带骨猪胸肉炖煮1小时，便能熬制一锅肥美且浓郁的汤底

调味汁：150毫升酱汁（参见60页）

配菜：叉烧（参见60页）、葱段、红姜丝（渍姜）、芝麻

装碗：酱汁倒入碗中，随后加入热豚骨高汤和煮熟沥干的拉面，最后将配菜装点在拉面上即可

担担面

汤底：1.6升高汤（参见60页）

辛辣调味汁：辛辣的滋味源自香辣肉臊。平底锅中倒入些许芝麻油，加入1瓣蒜和2个红葱头（提前切碎）翻炒。随后放入400克猪肉末，翻炒3~5分钟。加入4汤匙酱油、4汤匙芝麻酱、2汤匙辣椒酱和半茶匙盐。将所有材料搅拌均匀，再煮1分钟

配菜：香辣肉臊（见上述烹饪方法）、青菜

装碗：煮沸的高汤淋在香辣肉臊上煮2分钟。煮熟沥干的拉面放入碗中后，将高汤连同肉臊浇在拉面上，最后放上青菜作为点缀即可

荞麦面

热汤荞麦面：鸭南蛮荞麦面

制作4人份鸭南蛮荞麦面

1 鸭胸肉带皮一面朝下放入平底锅，大火煎5分钟。加入盐和胡椒调味，随后翻面再煎2
   分钟。煎好的鸭胸肉放在案板上切片。清除平底锅中的油，放入1段大葱煎3~4分钟，
   再倒入半杯高汤，加盖调小火炖煮至锅中上汽。

2 锅中倒入5汤匙味酥和2汤匙清酒，煮沸使酒精蒸发，然后加入6汤匙酱油和1汤匙糖。
   再次煮沸，然后转小火收一半汁。将余下的高汤倒入锅中煮沸。

3 将350克绿茶荞麦面放入沸水中，按照包装说明煮熟（4~5分钟）。沥干水分，将面条
   分装在4个大碗中。随后加入大葱和鸭胸肉片，并淋上热汤。

4 摆上几片三叶芹和葱花点缀，也可以撒上少许山椒粉，便可大快朵颐。

冷汤荞麦面：笼屉荞麦面

制作4人份笼屉荞麦面

1 制作蘸面酱：锅中加入一把鲣鱼干（鲣鱼花）、100毫升酱油、100毫升味醂、50毫升
   清酒、300毫升水，开中火加热。煮沸后关火放凉。随后过滤汤汁，放入冰箱冷藏，
   食用时取用。

2 准备蘸面酱的同时，在沸水锅中按照包装说明煮350克面条（4~5分钟），煮熟后用冷
   水冲洗并沥干。沥干后盛在铺有竹帘的盘子中，摆上海苔丝用以点缀。

3 蘸面酱中加入山葵酱和葱花调味，面条蘸酱汁食用即可。

乌冬面

狐狸乌冬面

油豆腐

菠菜

葱

鸣门卷
（日式蟹柳）

制作4人份狐狸乌冬面

1　将2块油豆腐放入沸水中，煮1分钟以去除部分油脂，随后沥干。将沥干的油豆腐沿对角线切成2块三角形。

2　将三角油豆腐放入锅中，加入300毫升蘸面酱（参见65页），随后加盖煮沸3分钟，之后加入1.2升高汤并煮沸。

3　将250克干乌冬面放入沸水中，按照包装说明煮熟（4~5分钟）并沥干。

4　面条分装在4个大碗中，热腾腾的汤底浇在乌冬面上，然后加入三角油豆腐、几片鸣门卷和蒸熟的菠菜叶，最后撒上葱花点缀即可。

锅烧乌冬面

制作2人份锅烧乌冬面

1　400克粗乌冬面（鲜乌冬面或冻乌冬面皆可）放入沸水中，按照包装说明煮熟，随后用冷水冲洗并沥干。

2　取2个新鲜去蒂香菇。

3　炖锅中加入700毫升高汤（参见20页）、2汤匙酱油、2汤匙味醂和半茶匙盐。

4　依次将面条、斜切的大葱段、香菇、80克熟菠菜、4片鸣门卷和4个鲜虾天妇罗（参见74~75页）放入锅中。在中间轻轻放入2颗鸡蛋。加盖煮沸，然后小火慢炖约5分钟即可。

其他面食

茄子素面

制作2人份茄子素面

1 将300毫升蘸面酱（参见65页）煮沸。将2块炸茄子（烹饪方法见下方）放入深盘并淋上酱汁。放凉至常温后放入冰箱冷藏备用。

2 沸水煮200克素面，按照包装说明煮熟（约2分钟），冷水冲洗后沥干。

3 将面条盛入2个碗中，然后将沥干的炸茄子、1片紫苏叶、1坨萝卜泥和1茶匙鲜姜泥分别放入碗中。最后淋上蘸面酱并撒上葱花即可。

炸茄子

1 茄子切2段后再对半切开。

2 用刀在茄子皮上间隔着划十字花刀。

3 将茄子煎约2分钟后沥干油分即可。

炒面

制作2人份炒面

1 将300克新鲜的面条焯热水后沥干。

2 平底锅中加入少许油，放入600克未腌制的猪胸肉丝和2个切碎的洋葱翻炒。随后加入
   2个切碎的香菇和4片切块的白菜。

3 加入面条翻炒1分钟，倒入4汤匙炒面酱，让所有食材都充分裹上酱汁。

4 炒好的面条装盘，铺上红姜丝（渍姜）并撒上海苔即可。

饺子

饺子馅配料

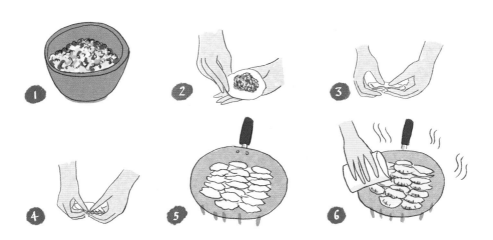

饺子皮　鲜葱　圆白菜　姜　蒜　芝麻油　猪肉糜　酱油　盐/胡椒

制作20个饺子

1 碗中加入120克猪肉糜、120克焯过水的圆白菜丝、1根葱（切成葱花）、1瓣蒜（切碎）、1茶匙鲜姜泥、3汤匙酱油、3茶匙芝麻油、3茶匙盐和3茶匙胡椒粉，搅拌均匀。

2 在饺子皮的中心放入满满1茶匙搅拌均匀的馅料，并将饺子皮上缘沾湿。

3 饺子皮对叠，尽可能地排出空气，然后合上边缘。

4 将饺子皮边缘折出风琴褶，以便更好地包住内馅。

5 起锅烧少许油，饺子每面煎3分钟，煎至金黄。

6 加水至平底锅一半的高度，盖上锅盖调大火焖制，直到水汽完全蒸发。随后揭开锅盖继续煎1分钟。

7 酱油和米醋混合调汁，热饺子蘸汁品尝即可。

其他明星菜肴

日本料理包罗万象，
有如马铃薯炖肉一类的煨菜、
如天妇罗或炸猪排之类的炸物、
以涮涮锅或寿喜锅为代表的火锅以及诸如茶碗蒸的蒸菜等。
由此可见日本料理远不止寿司和烧鸟，
值得呈现在大众眼前的美食不胜枚举！

天妇罗

天妇罗源自葡萄牙，由传教士传入日本。这种蘸酱油和高汤制成的酱汁食用的炸物已然成为日本料理的一大经典美食，其食用方式也多种多样：配丼饭（铺在米饭上）、搭汤面、加入便当……天妇罗最常见的食材为虾、鱼、香菇、红薯、南瓜和甜椒。

凭借薄薄的面衣，炸制的天妇罗口感清脆。制作这一珍馐的秘诀在于冷面糊（将面糊放冰箱冷藏或用冰块降温）和热油的极大温差，二者的温差能产生热量的冲击。

天妇罗荞麦面

天丼

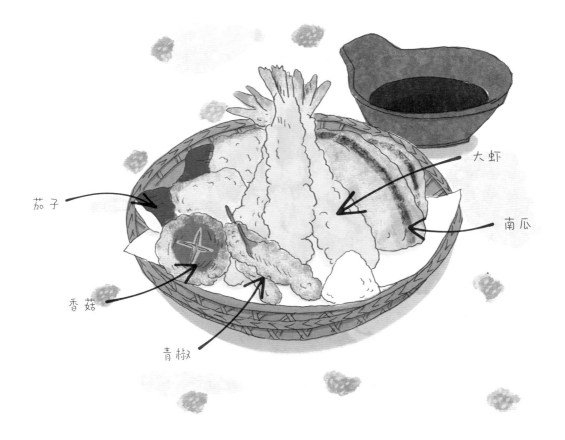

茄子

大虾

南瓜

香菇

青椒

制作4人份天妇罗

1　8只大虾去壳，保留尾鳍，然后沿背部切开，用刀尖去除虾线。

2　大碗中放入100克天妇罗粉和160毫升冰水，搅拌均匀。

3　将大虾和蔬菜（1个切成8块的茄子、1/4个日本南瓜切片、1个去籽切成8块的青椒、4个香菇）依次浸入天妇罗面糊中，然后立即放入油锅中炸。炸至微微上色后放到吸油纸上吸除多余油分。注意，炸制的过程建议分批进行。

4　1/4个萝卜磨成泥。将炸好的天妇罗装盘，再配上少许萝卜泥。准备300毫升蘸面酱（参见65页），再加入剩余的萝卜泥，即可蘸酱汁享用。

炸猪排

制作2人份炸猪排

1　深盘中打1颗鸡蛋，面粉和日式面包糠倒入另外2个盘子中。用盐和胡椒腌制2块猪排。

2　猪排先裹面粉，再裹打散的鸡蛋，最后裹面包糠。

3　裹上面包糠的猪排放入油锅中炸约5分钟，直至表面呈饱满的金黄色。随后放到吸油纸上吸除多余油分。

4　圆白菜切细丝，黄瓜切薄片，西红柿切块后分别装盘。将猪排切片后摆盘，随后淋上猪排酱（参见15页），再配上1碗米饭即可。

可乐饼

制作6份可乐饼

1 将6个土豆放入沸腾的盐水中煮约20分钟，捞出、沥干、去皮后用叉子在碗中捣成泥。

2 打2颗鸡蛋，蛋清和蛋黄分离。平底锅中热少许葵花籽油，加入洋葱丁和胡萝卜丁，中火煎3分钟。再加入 200克牛肉糜和少许盐调味，大火煎4~5分钟。

3 倒入土豆泥搅拌后关火，再加入蛋黄搅拌，并撒上盐和胡椒调味。

4 将制作好的土豆泥捏成6个团子。

5 蛋清倒入碗中，马铃薯淀粉放在一个容器里，面包糠放在另一个容器里。将每个土豆团子依次裹上马铃薯淀粉、蛋清和面包糠。

6 煎锅中热油，放入土豆团子煎约5分钟，直至表面金黄。随后用吸油纸吸除多余油分即可。

鱼类料理

烤鱼

制作2人份烤鱼

1. 烤箱预热至200℃。

2. 将两条去内脏和鳞片的秋刀鱼（或鲭鱼、鲱鱼）放在铺有烤盘纸的烤盘中。

3. 鱼皮上撒盐并抹匀后放入烤箱烤15~20分钟，其间翻面一次。食用时佐以柠檬片、1/4个萝卜磨成的萝卜泥和少许酱油即可。

轻烤鲣鱼： 炙烤鲣鱼片

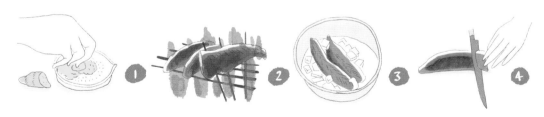

1 鲜姜研磨成泥。

2 鲣鱼放在烤架上烤至四面金黄（几秒钟即可）。

3 烤后的鲣鱼浸入冰水。

4 用鱼生刀将鲣鱼切片。

5 鲣鱼片装盘，并摆上萝卜泥、姜泥、紫苏叶和葱花用于点缀，最后便可搭配柚子醋（参见83页）品尝。

豆类美食

数千年来，大豆一直是日本料理中不可或缺的原料。富含营养的豆类经发酵后成为许多风味独特的美食的灵魂。味噌和酱油所增添的"鲜味"（第五种味道），使菜肴更加醇厚。由大豆酿造的味噌和酱油成为日本料理中最著名、最具特色的调料。

豆制品

木棉豆腐
木棉豆腐结构紧实，可以切块油炸

嫩豆腐
别名"绢豆腐"，口感丝滑，如奶油般绵密

油豆腐
切成薄片后油炸成的豆腐，用于卷稻荷寿司或加入汤品

豆乳
豆浆，由大豆和水制成的饮品

厚扬油豆腐
厚切炸豆腐，常用作锅物配菜

汤叶
豆浆煮沸后表面凝固的薄膜

冻豆腐
冷冻后的干豆腐有着海绵般的质地，禅院料理中经常用到

纳豆
经过发酵的大豆，味道浓郁且鲜明

豆渣
制作豆浆过程中过滤出的大豆余料

黄豆粉
烤大豆磨成的粉，常撒在大福、麻糬等甜点上

酱油
即大豆、小麦、水和盐制成的著名酱汁，是制作日本料理的必备调料

味噌
发酵而成的膏状调料，通常由大豆、盐、大麦或大米制成。它是著名的味噌汤的精髓

家庭自制豆腐

1 黄豆在水中浸泡一宿，而后加足量的水磨成豆浆。

2 倒入锅中煮沸后，转小火煮30分钟。

3 过滤，分离豆渣。

4 将豆浆加热。在玻璃容器中倒入少量水溶解盐卤（氯化镁，1升豆浆约需4克盐卤），随后倒入热豆浆中充分搅拌，此时豆浆会开始凝结。盖上盖子静置15分钟。

5 将凝固的豆浆倒入铺有薄布的模具中（模具须有孔）。盖上布并在上面放1个重物，静置沥水约20分钟。

6 将豆腐倒入1盆冷水中冷却15分钟让其质地紧实，至此便大功告成！

涮涮锅

"Shabu-shabu"（译为涮涮锅）是拟声词，其声音让人联想到筷子在高汤中搅拌牛肉片的情境。这道经典的日本料理相当于中国的火锅。桌子中央的炉子上放着盛满高汤的涮锅，料理的精髓就在于将蔬菜和牛肉片在汤锅中逐渐煮熟。

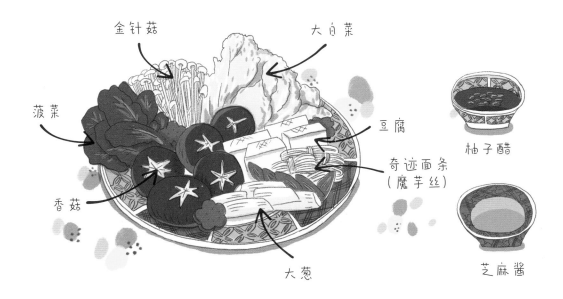

金针菇

大白菜

菠菜

豆腐

柚子醋

奇迹面条
（魔芋丝）

香菇

芝麻酱

大葱

汤底

1片昆布在1锅水中浸泡30分钟后，开火煮至锅中水微滚，沸腾前取出昆布。

肉类

在日本，入口即化的霜降和牛（日本牛肉）能让涮涮锅变成一道精致美食。牛肉的部位可选择西冷或腰肉。重点是要将肉切得非常薄（可以事先将牛肉冷冻便于切割），并在汤底中稍微烹煮（几秒钟即可）。猪肉同样也是不错的选择。

酱汁

涮涮锅可以搭配两种不同的酱汁：芝麻酱（参见23页）和柚子醋（参见83页）。

上桌后将蔬菜一点点放入锅中。开始品尝涮涮锅时，先将肉片和豆腐放入汤底中涮煮，然后捞起蘸料碟中的芝麻酱或柚子醋享用。

制作约250毫升柚子醋（原料需提前一日准备）

1 取一玻璃瓶，瓶中放入一小把鲣鱼花（或1个干香菇）、5厘米长的干昆布、150毫升酱油、100毫升黄柠檬汁、50毫升柑橘汁和4汤匙味酥（烹饪用甜清酒）。

2 盖上瓶盖，放入冰箱冷浸一宿，翌日取出过滤即可。

寿喜锅和关东煮

寿喜锅

　　与涮涮锅（参见82页）一样，这道传统美食也融入了蔬菜和牛肉薄片。分享寿喜锅时，餐桌中央会放一个炉子，炉子上放着锅，用来煮蔬菜和牛肉片。不过，炖煮食材的汤底不是普通高汤，而是甜酱油，具体制作方法见下方步骤1。这道料理的独特之处在于，蔬菜和肉在煮熟后需蘸上打散的生鸡蛋食用。

制作寿喜锅

1　制作寿喜锅酱汁：将100毫升酱油、100毫升味醂、50毫升清酒、50毫升水和4汤匙细砂糖倒入小锅炖煮，煮沸后不断搅拌使砂糖化开，随后将锅端离炉灶。

2　锅中倒入少许油，将蔬菜和肉与寿喜锅酱汁一起炖煮。

3　享用寿喜锅时，每人的碗中盛上1颗生鸡蛋，将鸡蛋打入碗中并轻轻搅匀，随后煮熟的肉和蔬菜蘸蛋液食用。

4　佐以白米饭食用更佳。

日式火锅——关东煮

小贴士：假如没有买到鱼饼或麻糬，也可以用其他配菜来制作这道料理，如鱼丸、土豆或胡萝卜。

制作4人份关东煮

1 制作福袋豆腐：将2个油豆腐（福袋豆腐）对半切开，将其放入沸水中烫几秒以去除多余的油分，随后沥干。将2个麻糬（糯米团子）对半切开，每个福袋各放入1块，最后插上牙签或用煮熟的菠菜梗封口。

2 锅中倒入1.2升高汤、2汤匙清酒、2汤匙味醂和6汤匙酱油并煮沸。

3 将半根萝卜厚切成片，加入160克魔芋丝、200克切块的木棉豆腐和4个煮熟的鸡蛋。小火煮约5分钟，其间加入4个竹轮（鱼糜对半切开）、4个牛蒡卷（鱼板卷牛蒡）和做好的福袋豆腐，加盖炖煮40分钟。炖煮结束前几分钟，加入一把煮熟的菠菜。

4 关东煮端上桌。分享时根据各自的口味在碗中盛一点汤，也可以加少量芥末。

藻类美食

海藻凭借其丰富的矿物质、维生素和蛋白质含量，在日本料理中应用最为广泛，它们主要以干货的形式售卖。

海苔

因为海苔被用于做寿司卷，因此其食用量最大。它呈片状，可直接食用，但要注意避免让其受潮

寒天

从红藻中提取的天然凝胶。寒天比化学明胶更健康，因此逐渐替代了化学明胶。需要将寒天煮沸几秒才能产生凝胶效果

裙带菜

味噌汤和大多数沙拉的主要配菜。裙带菜以干货的形式售卖，食用前需泡发

昆布

昆布是日本大多数汤底和酱汁的基本原料。晒干后制成板状或条状进行售卖，食用时将其浸泡用于烹饪高汤（参见20页）

羊栖菜

羊栖菜是小型海藻，晒干后售卖，食用前需泡发并煮熟。在日本，它主要与其他蔬菜一起炖煮

和布芜

和布芜和裙带菜源自同一藻类。和布芜是藻类近根部的中心茎，裙带菜则是叶片部分。市场上通常售卖新鲜切好的调味和布芜。建议搭配米饭食用

海藻料理

醋渍裙带菜黄瓜

1 黄瓜片和盐拌匀。

2 凉水泡发裙带菜。

3 准备好油醋汁、米醋、酱油、糖和盐。

4 手压黄瓜片挤出水分。

5 将所有食材拌在一起，美食就位！

昆布佃煮

1 150克泡发的昆布切条。锅中加入50毫升水、3汤匙酱油、1汤匙味醂、1汤匙清酒、1汤匙糖、半汤匙米醋和1茶匙香油。

2 煮沸后小火煮至汤汁收干。

3 烹饪完成，加入芝麻。

4 昆布佃煮可以在冰箱中保存数周，食用时作为米饭的调味料。

铁板烧

采用日式铁板烹饪的铁板烧（日文"てっぱん"意为"不锈铁"）是在不锈铁板上快速烹饪食物的方式。日本的许多铁板烧餐厅里，主厨会在食客面前烹饪，食客们则坐在铁板四周的台前。在日本以外的地区，这类餐厅也如雨后春笋，烹饪理念也随之发生一些变化。如今，厨师能在食客眼前上演一场铲子和刀具的表演！

铁板烧的食材

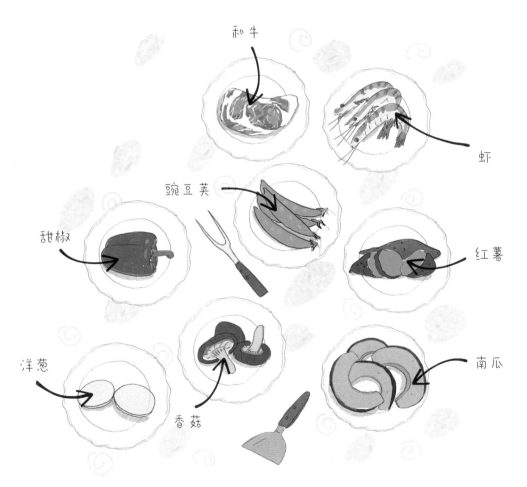

和牛

虾

豌豆荚

甜椒

红薯

洋葱

香菇

南瓜

烤肉酱（芝麻酱）

　　将1/4个洋葱切碎放入锅中，调大火加热。当洋葱析出的水开始沸腾时，加入3汤匙酱油、3汤匙味醂、2汤匙清酒和1.5汤匙细砂糖。煮沸1分钟后关火，加入1瓣蒜（提前切碎）和1汤匙芝麻搅拌均匀即可。

辣酱（葱和辣椒酱）

　　锅中放入1汤匙辣椒酱、2厘米长的姜（提前切碎）、1瓣蒜（提前切碎）、3汤匙酱油、2汤匙味醂、半汤匙香油和2汤匙细砂糖。调大火加热，煮沸1分钟后关火，加入1根葱（切成葱花）即可。

主题料理

日本的生活充满了季节和传统节日的印记，
它们对料理产生了深远的影响。
例如，春光里在樱花树下享用便当，
暑气湿热时吃凉拌荞麦面，
秋日枫树染红之时便吃烤松茸（极为珍贵的蘑菇），
冬雪中泡完天然温泉后涮火锅（日式火锅）。
但一年四季街头美食都备受欢迎，
街边的特色料理也可以在居酒屋的活跃氛围中尽情享用。

街头美食和烧鸟

以精致料理闻名于世的日本，也是街头美食大国。在夏日祭（日本的节日）期间，或是在大城市的某些地区（尤其是九州岛上的福冈），鳞次栉比的屋台会供应各种受欢迎的美食，如章鱼烧（参见95页）、炒面（参见69页）、拉面（参见58～63页）或著名的烧鸟（参见92～93页）。

街边的烧鸟摊

烧鸟

烧鸟（意为"烤鸡"）是日本的传统美食。这种美味烤串在烤架上烤制，再蘸上"烧鸟酱"增添风味。经典烧鸟采用鸡肉制作，但也有许多以蔬菜和其他肉类作为原料。

烧鸟

烤鸡肉丸　　烤鸡腿肉　　紫苏梅肉:　　烤鸡肝　　培根卷芦笋　　烤葱白
　　　　　　　　　　　　鸡胸肉

烤香菇　　　烤青椒:　　　番茄培根卷　　烤鸡皮　　葱烧肉串　　烤鸡翅
　　　　　青椒配萝卜泥

御好烧

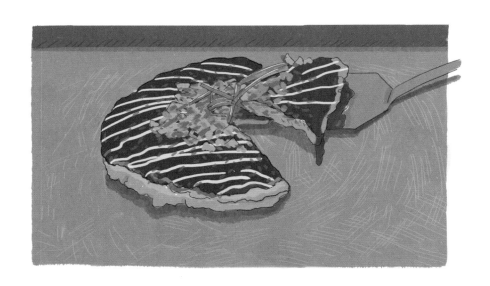

小麦粉

鸡蛋

圆白菜丝

薄切猪肉

日式美乃滋

制作1份御好烧

1 将4片薄切猪肉切条，在煎锅中用中火无油煎3分钟。

2 将100克面粉、1颗鸡蛋和100毫升高汤（参见20页）倒入碗中混合。随后加入切好的培根、100克圆白菜丝和1根葱（提前切碎）。

3 将混合好的食材放在抹好油的铁板上，像煎可丽饼一样用锅铲将面糊摊平。大火煎3分钟，随后将御好烧翻面，调中火煎5分钟。

4 继续翻面，煎5分钟，再次翻面，煎3分钟。

5 在御好烧上淋少许御好烧酱（参见15页）和日式美乃滋，还可以撒上鲣鱼花、红姜丝和海苔碎作点缀。

章鱼烧

章鱼烧（意为"烤章鱼"）由裹有面粉的章鱼小丸子煎烤而成，并加入美乃滋和章鱼烧酱这种甜咸的酱汁调味（章鱼烧酱与御好烧酱极为相似）。作为大阪的特色小吃，章鱼烧成为日本街头美食的代表。要想制作家庭版章鱼烧，可参见下方烹饪方法，但章鱼烧烤盘是必备的！

1　大碗中加入100克面粉、1颗鸡蛋、300毫升高汤（参见20页）、20毫升牛奶、半汤匙酱油和一小撮盐。

2　章鱼烧烤盘预热并涂上油，将面糊倒入盘中，然后将内馅（熟章鱼丁、红姜丝、天妇罗碎和葱花）撒在面糊中央。煎烤约2分钟后，用章鱼烧针将每个丸子翻面（需要练习一阵）。最后加上章鱼烧酱汁、美乃滋和海苔碎调味，便可享用章鱼烧。

居酒屋

　　门前挂着灯笼和门帘的居酒屋是来到日本一定会打卡的餐厅，它们能给游客带来独一无二的日本文化沉浸体验！居酒屋，字面意思为"酒肆"，实际上是十分受欢迎的餐厅，顾客可以和朋友同事共享美食，共饮啤酒或清酒，气氛欢脱热烈。居酒屋供应各色美食，从传统料理到创意菜品应有尽有，食客可以从小盘中挑选中意的食物，让人在欢快的氛围中分享精致的日式小食。

顾客们来到居酒屋主要就是为了寻觅、品尝、分享美食和美酒，人们能在其间感受多样的快乐、品味喜爱的食物并发现新的味觉体验！

干杯！日本人碰杯时常说"kanpai"（干杯）而非"tchin-tchin"（亲亲[1]），若在日本干杯时说"亲亲"会惹人嘲笑，因为这个词十分不雅！

湿毛巾：进入居酒屋后便可点一杯饮品，一条湿毛巾会随着饮料一并送到食客手中。用湿润温热的毛巾先后擦脸和手，这种美妙的体验让忙碌了一天后的食客依然神清气爽！

干杯

1　法文干杯为"tchin-tchin"，此处音译。——译者注

居酒屋十大明星美食

冠军菜品：炸豆腐

制作4人份炸豆腐

1　准备酱汁：锅中倒入150毫升高汤（参见20页）、3汤匙酱油、2汤匙味醂和一小撮盐，小火煮约10分钟。

2　将400克绢豆腐（提前2小时沥干）切成4块，裹上马铃薯淀粉。

3　锅中倒油烧热，然后将豆腐块煎至诱人的棕色，随后放豆腐在吸油纸上吸除多余油分。

4　将炸好的豆腐放入碗中。淋上酱汁，饰以萝卜泥、姜泥、鲣鱼花和葱花，最后撒上七味粉（7种混合香料）即可。

其他菜品

玉子烧
日式煎蛋（参见50页）

可乐饼
土豆饼（参见77页）

毛豆
未成熟的大豆，盐水煮后食用

烧鸟
鸡肉串或蔬菜串（参见92～93页）

唐扬
炸鸡

炸鸡翅

土豆沙拉
土豆黄瓜沙拉配美乃滋

饭团
米饭团子（参见44～45页）

冷奴
调味后的冷吃绢豆腐（参见105页）

新年菜肴：御节料理

御节料理是新年美食。食物需提前准备好以装进"重箱"这种传统的多层便当盒之中。承载了满满寓意的御节料理，其中每一道菜肴或食材都有着具体的意蕴。

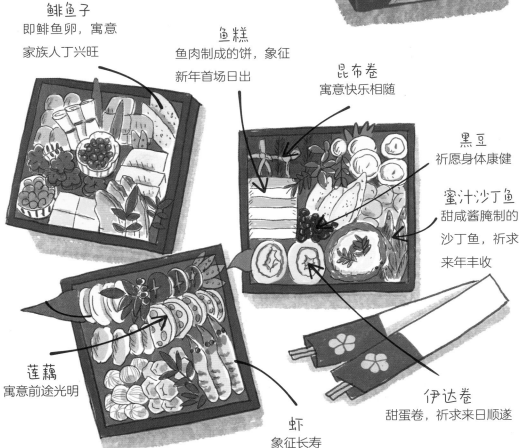

鲱鱼子
即鲱鱼卵，寓意
家族人丁兴旺

鱼糕
鱼肉制成的饼，象征
新年首场日出

昆布卷
寓意快乐相随

黑豆
祈愿身体康健

蜜汁沙丁鱼
甜咸酱腌制的
沙丁鱼，祈求
来年丰收

莲藕
寓意前途光明

虾
象征长寿

伊达卷
甜蛋卷，祈求来日顺遂

杂煮饭

伴随着这碗汤，人们开始迎接新年的脚步。杂煮饭以高汤作为基底，加入了蔬菜、肉或麻糬。麻糬由糯米制成，在新年时节食用居多。由于各地的制作方法各异，麻糬的形状也不尽相同。

屠苏酒

食用御节料理之前要喝新年的第一杯酒，以求涤尽上一年的风尘，希冀新的一年身体健康。喝这种药酒需遵循仪式：每位家庭成员（从年幼到年长）需要从最小的碗开始，3碗酒各喝一口。

年越荞麦面

年越荞麦面的日文说法是"Toshikoshi soba"，其中"Toshikoshi"意为"跨年"，这种简单的热汤荞麦面（参见64页）在除夕夜食用。该传统在日本广为盛行，吃一碗撒上葱花并加了鱼糕的年越荞麦面，便能一身轻松地迈入新年。

春日料理

日本的春天与樱花如影随形。花见之时（花见意为"赏花"），所有日本人都会欣逢樱花的短暂盛放。大多时候，人们会与朋友、家人或同事一起在樱花树下野餐。

清酒

樱麻糬

春日便当

花见是吃便当（参见48~53页）和举杯（举杯格外频繁）共饮啤酒或清酒的日子。这一时期的限定甜点是樱麻糬。这种麻糬的内馅是樱花酱，唤起樱花记忆的淡粉色麻糬裹在渍过的樱树叶中，果然是人间美味！

料理新鲜竹笋

竹笋去壳后在足量的水（淘米水更佳，因其富含淀粉）中炖煮1.5小时以上。煮好的笋沥干后便可食用或进行烹饪。

"旬食"是日本料理中重要的理念，春日更甚，因为应旬而食能凸显出蔬菜鲜味盛放的准确时刻。笋尖便是如此，五月初，竹笋方露尖尖角，需要在其破土之时将其挖出。

竹笋饭

菜如其名，这道便是"竹笋拌饭"。将米饭与煮好的笋尖放入高汤中炖煮，并在高汤中加入酱油、味酥和清酒。

春笋土佐煮

茁壮的笋尖切成8片，并准备5克鲣鱼花放入茶滤中备用。将笋片与鲣鱼花放入锅中，倒入600毫升高汤（参见20页）、4汤匙酱油与4汤匙味酥。大火煮沸后转文火炖煮30分钟。随后让汤汁放凉至常温后便可大快朵颐。

夏日料理

　　充满节日氛围的夏季会举行许多祭典和烟火表演。作为民众的节日，祭典会在日本全国各地举行，人们在祭典期间身着浴衣（夏季和服）尽情欢乐，尤其是要前去品尝众多摊位的美味佳肴。日本的夏天炎热潮湿，因此确保菜肴的新鲜度是首要任务。

夏日祭

刨冰

淋上多彩糖浆的刨冰是祭典上必打卡的美食。与普通的粗粒冰棒不同，机器磨制的冰碴十分细腻，制作出来的冰粒格外轻盈，口感酷似雪花！

冷奴（冷豆腐）

沥干绢豆腐后切成4块，放入碗中。配上葱花、姜泥和鲣鱼花点缀，最后淋上柚子醋（参见83页）或少许酱油即可。

冷素面（冰面）

按照包装上注明的时间，将素面放入沸水煮熟。冷水冲洗素面，随后放进深盘并加入冰块。蘸上蘸面酱（参见65页）并搭配作料（姜泥、蘘荷丝、葱花）食用即可。

秋日料理

枫树将日本的秋天染上了红黄。红叶狩与猎红叶皆是观赏秋色的代名词：秋意浓时赏枫去！日本人的珍盘之间亦能寻到此般秋色，如柿子、南瓜、蘑菇和枫叶形的甜点！

柿子

柿子是日本最具代表性的水果。秋天方至，乡村的柿子树上就挂满了橙色的果实。柿子有很多品种，但在日本，大多数柿子都没有涩味，因此无须冷冻即可食用。还可以将柿子风干，这样一年四季都可以吃到。风干的柿子就是柿饼，可以作为茶点食用。

烤松茸

日本料理为蘑菇爱好者提供了丰富多样的美味蘑菇：玉蕈离褶伞、香菇、金针菇、滑子菇和"菌中之王"松茸。松茸意为"松树下的蘑菇"，生长在松林之中。稀有度与细腻的口感使其成为昂贵且精致的食材。它可以与米饭一起蒸制、做成天妇罗、铁板烧、炖汤，也可以简单地烧烤配上少许酢橘食用。

南瓜

日本绿皮南瓜入口即化，口感与栗子相似，因此烹饪时可咸可甜。南瓜可以制作沙拉、炖煮或做成天妇罗。最常见的做法是炖煮，如在日式肉末煮南瓜这道料理中，南瓜切块同鸡肉糜一同炖煮，同时加入酱油、味酥、清酒和糖调味。南瓜变得软糯后，最后一道工序便是用少量马铃薯淀粉勾芡使南瓜汤变得浓稠。

红叶馒头

馒头是日本大众喜爱的点心。与大多数日本甜点一样，馒头的内馅是红豆沙（参见114页），但与用糯米制成的麻糬不同，馒头是用面粉制成。形状像枫叶的红叶馒头是宫岛的必吃美食。

冬日料理

　　日本的冬天格外严寒，北方更甚，东北地区和北海道冬季雪意涔涔。天然的火山温泉在整个岛国星罗棋布，此时泡温泉不仅能取暖，还能舒缓身心。慵懒地享受露天温泉的同时，还能观赏四周覆雪之景，这是此生绝无仅有的独特体验，希望你有朝一日前去感受一番！

温泉蛋

　　传统上，温泉煮蛋在早餐时享用。烹饪时采用低温慢煮（约70℃），如此能制作出丝滑柔嫩的蛋清和流心蛋黄这样的独特质感。

烤红薯

　　日本的红薯口感细腻绵密且甘甜可口。流动商贩有时会喊着"卖烤红薯啰"以招揽客人。连着皮一起烤的红薯售卖时会裹上一层报纸。

蟹锅

　　日式锅物是一道能让人暖洋洋的料理，如涮涮锅（参见82~83页）、锅烧乌冬面（参见67页）、关东煮（参见85页）等。各地有其特色，而用北海道帝王蟹炖煮的蟹锅是这个季节的宠儿。帝王蟹同时蔬一起放入高汤炖煮。最后建议在汤底中加入煮熟的米饭和打散的鸡蛋，螃蟹和蔬菜的风味会更加丰富。这就是简单纯粹的烹饪法创造出的神奇美味！

甜点与饮品

日本传统点心（和果子）仿佛匣中珠宝，

既反映了日式审美，

又贴近自然。

这些点心通常会跟随季节的韵律，

通过色彩、纹理和形状，

充分地展现日本的一草一木。

为了全面领略日式甜点的精妙之处，

建议搭配绿茶，

特别是茶道中使用的抹茶粉一同品尝。

和果子

传统的日本点心被称为和果子（日语为"wagashi"，"wa"即日本，"kashi"意为甜点）。这类小巧且充满美学意蕴的甜点凭借其外观与精致细腻的口感备受青睐。

春日和果子

樱花和果子

茶巾绞练切

樱花馒头

夏日和果子

锦鲤锦玉羹

夏季茶巾绞

团扇和果子

秋日和果子

栗羊羹

红叶和果子

牡丹和果子

冬日和果子

冬叶

冬季练切

雪兔馒头

冬季练切

制作6~8个冬季练切

1 碗中加入15克糯米粉、8克白砂糖和20毫升水。

2 加入250克白豆沙（参见114页，用白豆代替红豆）后搅拌均匀，随后将面团放入锅中烘干，烘干过程中持续搅拌直至不再粘手。

3 面团分成2份。在其中一份面团上滴几滴紫色食用色素，充分混合使颜色均匀。

4 重复上述操作制作绿色面团。

5 将绿色和紫色面团分别过筛，滤成细面条状。

6 捏6~8粒白豆沙球，每粒大约20克。将绿色和紫色的面条状练切粘在豆沙球上即可。

铜锣烧

制作红豆沙

1 500克红豆放入冷水中浸泡至少12小时。

2 将红豆沥干、冲洗干净后放入锅中，加水煮沸后再次沥干。

3 将红豆倒入锅中，加豆子体积2倍以上的水。煮沸后持续煮1.5~2小时，关注锅中水量，必要时加水。

4 当手指能轻松捏碎红豆时便是煮熟了，煮熟后沥干。

5 将煮熟的豆子分批过筛（硬质筛网），或加入食物碾磨器中。

6 红豆泥放入厚底锅中。加入360克白砂糖，煮约10分钟，其间不断搅拌，最后做成栗子泥一样的膏状豆沙即可。

制作6个铜锣烧

1　碗中打入2颗鸡蛋，加70克白砂糖、1.5汤匙蜂蜜和一小撮盐搅拌均匀。

2　将1茶匙酵母溶于1汤匙水，然后倒入碗中混合均匀。再加入140克过筛的面粉。

3　煎锅中倒入少许油加热，将面糊烤至金黄色，制成铜锣饼。

4　一片铜锣饼上抹适量红豆沙，随后盖上另一片饼并轻轻按压。

5　重复上述步骤，直到面糊用完。

6　待铜锣烧冷却后食用，或包上保鲜膜保存。

大福

　　大福是日本料理中最受欢迎的糕点之一。这种由糯米（麻糬）裹着红豆沙（参见114页）的甜点很容易在家制作。

制作8枚大福

1　200克红豆沙分成8份，捏成8个球，放入冰箱备用。

2　将100克糯米粉、50克白砂糖和100毫升水倒入碗中混合。

3　蒸锅中倒入水后加热，将碗放入蒸锅，加盖蒸15分钟。

4　将片栗粉（即马铃薯淀粉）过筛撒在平盘上，借助硅胶刮刀将蒸好的糯米团放入料理盘。糯米黏性强，可以多筛一些片栗粉铺在糯米团上，随后将糯米团切成8份。

5　取1块团子放在手心。

6　在上面放1块红豆沙，然后包裹好。重复上述操作以完成剩余7枚大福。

花式大福

豆沙大福
经典款大福（参见116页）

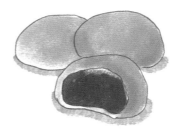

抹茶大福
在糯米团中加入半汤匙抹茶粉即可

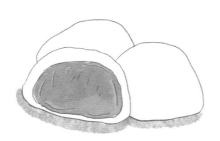

冰激凌大福
将红豆沙替换为冰激凌球（抹茶冰激凌、
草莓冰激凌、黑芝麻冰激凌……）即可

草莓大福
在白豆沙中包一整颗草莓即可

饮品

日本人主要喝茶，但也喝苏打水和各种口味奇特的能量饮料，这些饮料在街头巷尾的自动售货机里随处可见！至于酒精饮品，日本人主要喝啤酒，当然还有著名的清酒（参见122~123页）。

自动售货机

日本茶叶

玉露
玉露意为"露珠"，多为茶中上品

抹茶
用于茶道的茶粉

煎茶
煎茶最为有名也最常见，其产量占日本茶产量的2/3

玄米茶
茶叶与烘烤后呈褐色的米粒混合而成

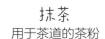

焙茶
将茶叶在200℃高温下烘烤并冷却后而成，烤制过程让茶叶呈褐色

茎茶
茶树茎和枝制成的茶，有时会混以少量茶叶

各色饮品

抹茶拿铁
加入绿茶的卡布奇诺

大麦茶
烘烤后的大麦浸泡而成

可尔必思
奶味饮料

弹珠汽水
日式柠檬汽水

冷泡绿茶

啤酒
日本销量最高的
含酒精饮品

柚子酒
柚子酿成的酒

清酒
米酒（参见122~123页）

威士忌
日本生产优质威士忌

梅酒
酸梅酿成的酒

烧酒
米、大麦或红薯酿造的酒

茶 道

日本茶道是传统艺术。16世纪，千利休将茶仪革新为名副其实的艺术形式，称为"茶道"。茶道一般在特别的榻榻米茶室内进行，宾客（最多5人）正坐。仪式持续数小时，通常保持静默。通过冥想与分享的形式，彰显了"和""敬""清""寂"四谛：

"Wa" 即和   "Sei" 即清
"Kei" 即敬   "Jaku" 即寂

茶道步骤

1 用茶勺将茶粉从茶枣中舀到碗里。

2 用竹勺从水壶中取热水倒入碗中。

3 用茶筅迅速且力道精准地点茶。

4 随后可将略带泡沫的绿色茶汤端给宾客。

5 客人右手接过茶碗,随后置于左手手心。

6 客人用右手将茶碗在左手手心顺时针转两三次。

7 最后,客人两口半饮尽,喝完后把碗放到面前。

清酒

　　清酒也称"日本酒"，是日本的招牌饮品，它由大米发酵酿成，可定义为米酒。精妙的清酒度数比一般的红酒高，为14°~17°。

　　清酒冷藏后，其香气更为细腻，饮用口感最佳，在冬季也可加热至40℃左右。

热燗[1]　　　　　　　　冷酒

1　热燗（làn），即加热后的日本清酒。

糙米

纯米酒　吟酿　大吟酿

70%　60%　50%

精米步合

与烹饪大米不同，用于酿酒的大米需经过抛光只留米心。米粒的抛光度越高，清酒的品质就越好。

精米步合70%用于酿造纯米酒，60%为吟酿，50%则为大吟酿。

注：精米步合也叫精米度，指磨过之后的白米占原本糙米的比例。

清酒酿造过程

清酒的品质取决于4个关键因素：大米、抛光、水和酿造。

1 大米抛光（参见上方）后洗净。

2 蒸米。

3 在小部分蒸熟的米中加入米曲菌（发酵菌），经过2天发酵后便能得到曲。

4 经过2周至1个月的初步发酵后，将曲与部分蒸熟的米和水混合制成酒母。

5 再度将酒母与曲、水和剩余的米混合以制醪，制醪为主要发酵工艺，约持续1个月。

6 压醪。

7 巴氏杀菌。

8 清酒装瓶。

玄米　精米　洗米

蒸米

曲米

曲　水　酵母　醪

酒母

上槽

加热

装瓶

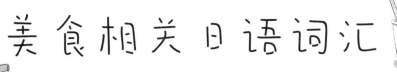

美食相关日语词汇一览表

汉语	日语
B	
比目鱼	ひらめ
扁豆	さやいんげん
便当	べんとう
菠菜	ほうれんそう
C	
叉烧	チャーシュー
茶泡饭	茶漬け
炒饭	チャーハン
葱	ねぎ
醋	酢
D	
大腹	大トロ
大米	こめ
大蒜	にんにく
豆芽	もやし
F	
饭团	おにぎり
G	
关东煮	おでん
鲑鱼	サーモン
鲑鱼卵	いくら
H	
海胆	ウニ
海苔	のり
和布芜	メカブ
狐狸乌冬面	きつねうどん
胡萝卜	にんじん
黄瓜	きゅうり
J	
鸡蛋	たまご

汉语	日语
酱油	しょうゆ
金枪鱼	マグロ
卷纤汤	けんちん汁
K	
可乐饼	コロッケ
苦瓜	ごや
L	
拉面	らーめん
辣薤	らっきょう
萝卜	大根
M	
美乃滋	マヨネーズ
米饭，餐	ご飯
面包糠	パン粉
鸣门卷	なると
蘑菇	きのこ
N	
南瓜	かぼちゃ
牛油果	アボガド
P	
啤酒	ビール
苹果	りんご
Q	
荞麦面	そば
鲭鱼	さば
裙带菜	わかめ
S	
砂糖	さとう
寿司	すし
寿喜烧	すきやき
水	みず

汉语	日语
笋	タケノコ
笋干	メンマ
T	
天妇罗	てんぷら
W	
味噌汤	みそ汁
味醂	みりん
X	
虾	えび
咸菜，渍白菜	漬け物
香菇	しいたけ
小鱼干	いりこ
星鳗	穴子
Y	
腌萝卜	たくあん
羊栖菜	ひじき
洋葱	玉ねぎ
柚子醋	ポン酢
玉米	とうもろこし
玉子烧锅	卵焼き器
Z	
章鱼	タコ
照烧汁	てりやきソース
芝麻酱	ごまだれ
中腹	中トロ
猪排酱	とんかつソース
竹荚鱼	アジ
紫苏	しそ

食谱索引

图书在版编目（CIP）数据

趣味手绘日本料理 /（法）洛尔·琪耶著；（日）岸
春奈绘；王炳坤译. — 北京：中国轻工业出版社，
2024.6

ISBN 978-7-5184-4908-8

Ⅰ.①趣… Ⅱ.①洛… ②岸… ③王… Ⅲ.①饮食—
文化—日本—通俗读物 Ⅳ.① TS971.203.13-49

中国国家版本馆 CIP 数据核字（2024）第 063333 号

审 图 号：GS 京（2024）0773 号

版权声明：

Published in the French language originally under the title:

La cuisine japonaise illustrée

author: Laure Kié Illustrator: Haruna Kishi

© First published in French by Mango, Paris, France – 2020

Simplified Chinese translation rights arranged through Dakai – L'Agence

责任编辑：王晓琛　　　责任终审：高惠京
设计制作：锋尚设计　　　责任校对：朱燕春　　　责任监印：张京华

出版发行：中国轻工业出版社（北京鲁谷东街5号，邮编：100040）
印　　　刷：北京博海升彩色印刷有限公司
经　　　销：各地新华书店
版　　　次：2024年6月第1版第1次印刷
开　　　本：710×1000　1/16　印张：8
字　　　数：200千字　　插页：2
书　　　号：ISBN 978-7-5184-4908-8　定价：68.00元
邮购电话：010-85119873
发行电话：010-85119832　010-85119912
网　　　址：http://www.chlip.com.cn
Email：club@chlip.com.cn
版权所有　侵权必究
如发现图书残缺请与我社邮购联系调换
230868S1X101ZYW